U0156387

神秘的宇宙

美国世界图书出版公司（World Book, Inc.）著

舒丽苹 译

机械工业出版社
CHINA MACHINE PRESS

什么是大爆炸？

宇宙一直都在膨胀吗？

宇宙究竟有多大？

我们的宇宙是唯一的吗？

宇宙是一个神奇的存在。自古以来，人类始终痴迷于认识宇宙。从行星到恒星，从太阳系到银河系再到河外星系，面对宇宙中发生过的，正在发生的，即将发生的一切，请跟随本书的脚步，从地球出发，穿越银河系，直到未知的广袤空间，开启探索宇宙奥秘之旅。

北京市版权局著作权合同登记　图字：01-2019-2313号。

图书在版编目（CIP）数据

神秘的宇宙 / 美国世界图书出版公司著；舒丽苹译 .—北京：机械工业出版社，2019.9（2024.5 重印）

书名原文：The Universe—Mysteries and Marvels

ISBN 978-7-111-63478-2

Ⅰ.①神…　Ⅱ.①美…②舒…　Ⅲ.①宇宙 – 普及读物　Ⅳ.①P159-49

中国版本图书馆 CIP 数据核字（2019）第 173663 号

机械工业出版社（北京市百万庄大街22号　邮政编码100037）

策划编辑：赵　屹　责任编辑：赵　屹　韩沫言

责任校对：孙丽萍　责任印制：孙　炜

北京利丰雅高长城印刷有限公司印刷

2024年5月第1版第12次印刷

203mm × 254mm · 4印张 · 2插页 · 56千字

标准书号：ISBN 978-7-111-63478-2

定价：49.00元

电话服务　　　　　　　　网络服务

客服电话：010-88361066　　机　工　官　网：www.cmpbook.com

　　　　　010-88379833　　机　工　官　博：weibo.com/cmp1952

　　　　　010-68326294　　金　书　网：www.golden-book.com

封底无防伪标均为盗版　　　机工教育服务网：www.cmpedu.com

目　录

序

作为一名在天文领域从事研究二十余年的天文科研人员而言，很高兴近些年有很多不错的天文学作品出现，我一直关注这些作品，特别是科普作品。在过去的几年当中，也做了一些关于天文领域的科普宣传，很高兴能为天文学的科普事业做些事，如今受机械工业出版社的编辑邀请，为这套天文书写推荐序，我感到十分荣幸。

德国的伟大哲学家康德曾经说过："有两种东西，我对它们的思考越是深沉和持久，它们在我心灵中唤起的惊奇和敬畏就会日新月异，不断增长，这就是我头上的星空和心中的道德定律。"我以前碰到过一个资深的国际知名学术期刊的编辑，他说自己曾经做过统计，90%的小朋友对于两样事物很感兴趣，那就是星空和恐龙。无论对于成人还是孩子，了解星空的奥秘可以说是人类心中最原始的一种愿望。

这是一套包含了天文基本知识介绍并且图文并茂的书籍，从最想了解的宇宙知识到银河、再到恒星以及它们的故事，比如宇宙有多大？宇宙是如何产生的？望远镜可以看多远？什么是暗能量？什么是暗物质？等等。凡是我们通常有的疑问，几乎都可以在这套天文书中找到答案。

回想我自己对天文知识的学习，其实还是蛮不易的。小时候同其他的小朋友一样，对于天文很感兴趣，但是在书籍匮乏和经济落后的西北小镇，几乎没有太多的渠道获取最新的天文知识，听到的时常是各种科学谣言，也就是一些天文学名词外加编造出来的故事，很多时候，这些发生在天体当中的事情被说得玄而又玄。在这种情况下，我对天文学的兴趣还能保留下来，之后还考入南京大学系统学习天文学，现在想来着实不易。看了这套书，我时常在想，如果我能够像现在的孩子一样，在我最想了解星空的时候，拥有一套类似这样的天文书，将是何等幸福和满足，在愿望最强烈的时候得到科学的指引，也许能碰撞出更不一样的火花。愿这套书籍能够在读者最想了解星空的时候，帮助读者解答心中的疑惑，坚定理想，对未来充满希望。

尽管这套书针对的读者对象是青少年，不过对于那些同样对星空充满好奇心的成人而言，这套书也是非常不错的选择，是一套可以用来入门的轻松的天文读物，是可以家庭共享的一套书籍。

好书是良师更是益友，希望读者能够开卷受益。

苟利军
中国科学院国家天文台研究员
中国科学院大学天文学教授
《中国国家天文》杂志执行总编

前言

　　宇宙是一个神奇的所在，不仅有大量人类已知的东西，也有很多迄今为止依然无比神秘的未解之谜。自古以来，人类始终痴迷于观测太阳以及其他恒星，我们总是试图了解宇宙，也希望弄清楚地球在宇宙空间中所处的位置。早期科学家拥有强烈的好奇心，因此虽然在仪器设备方面存在着巨大的局限性，但是他们依然有很多惊人的发现。

　　今时今日，随着科学技术日新月异的发展，科学家们拥有了足够强大的"武器"，因此他们所了解的宇宙知识早已超出了早期科学家的理解和认知。毫不夸张地说，科学家们每一天都有新发现。当然，即便如此，宇宙中也依然存在着许多迄今为止人类无法理解的东西。我们所处的宇宙是如此不同凡响，本书便着力于探讨一些有关宇宙有趣且不寻常的特征。

　　▶　通过钱德拉X射线天文台、哈勃空间望远镜所提供的数据信息，科学家们制成了这张合成图。如图所示，大约200颗炽热的大质量新生恒星，照亮了星系M33中的一大片恒星形成区域。围绕着那些恒星的巨大气体和尘埃云，有可能会产生出更多的恒星。

宇宙究竟有多大?

尽管太阳系看起来非常庞大,然而在不可思议的巨大宇宙当中,太阳系仅仅是非常小的一部分而已。

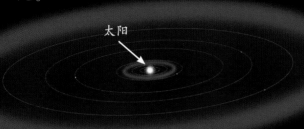

太阳系

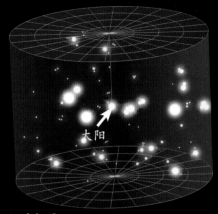

太阳的邻居
(40光年范围内)

无限,还是有限?

　　任何人恐怕都无法准确地测量出宇宙的真实大小。通过多种方式和途径,科学家们一直在试图找到这个问题的正确答案,而研究类星体,则是众多方法中比较重要的一种。天文学家认为,在宇宙中,类星体是最为古老、距离地球最为遥远的一类天体,它们的亮度非常高。当然,即便科学家真的能够确定地球与类星体之间的距离,我们也依然无法确定从宇宙的一个边缘到另外一个边缘的距离。

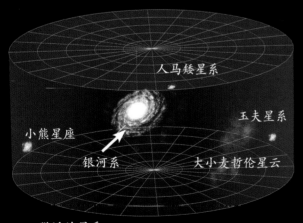

附近的星系
(50万光年范围内)

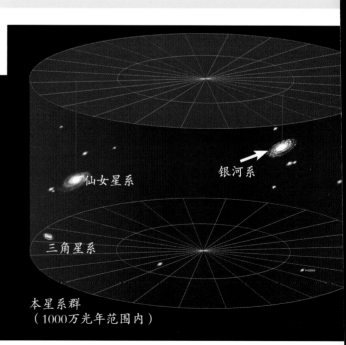

本星系群
(1000万光年范围内)

宇宙空间是如此巨大，以至于即便是使用最为先进的科学仪器，科学家们也依然只能推测，而无法确定宇宙的大小。

持续膨胀的宇宙

虽然科学家们可能永远都无法确定宇宙的真实大小，但有一个情况毋庸置疑，那就是过去的宇宙要比今天的宇宙更小。天文学家们相信宇宙起源于大约138亿年前的大爆炸。从那时开始，宇宙已经从一个"点"膨胀到了现在的大小。实际上，时至今日，宇宙依然在不断膨胀。

宇宙的命运

既然宇宙一直处在不断膨胀的过程当中，那么它到底能够膨胀到多大呢？对于这个问题，科学家们已经提出了几种不同的可能性。一部分科学家认为，即便宇宙是无比巨大的，它最终也会达到一个停止膨胀的节点。不过，对于宇宙微波背景的研究结果显示，宇宙将极有可能永远膨胀下去。

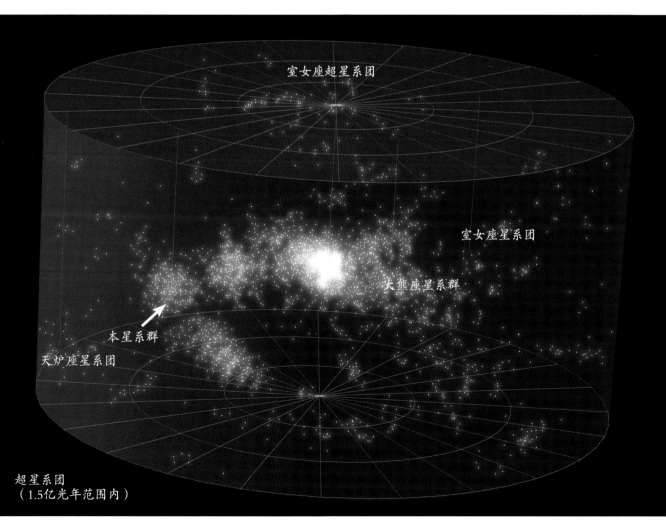

室女座超星系团

室女座星系团

大熊座星系群

本星系群

天炉座星系团

超星系团
（1.5亿光年范围内）

太阳系在宇宙中的具体位置

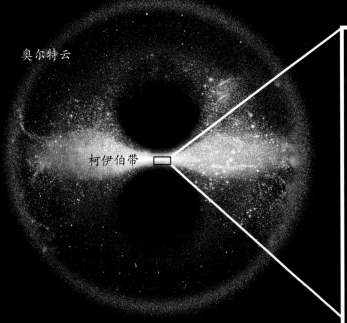

奥尔特云

柯伊伯带

很多科学家都相信太阳系的最外层区域是一个由岩石和冰晶状物体构成的球状云团，科学家将其命名为"奥尔特云"。在奥尔特云中，近日区域距离太阳大约为8000亿公里，远日区域距离太阳大约30万亿公里。

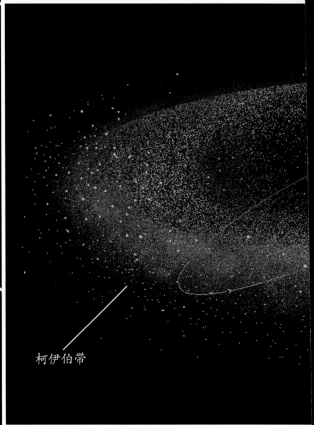

柯伊伯带

我们在宇宙中所处的位置

客观地说，我们并不清楚自己究竟处于宇宙中的哪个位置。这虽然听起来很奇怪，但却是事实。20世纪的科学家们已经确认，太阳系是银河系的一部分，然而当时的那些科学家坚定地认为，银河系就是整个宇宙。

20世纪初，美国天文学家埃德温·哈勃发现，银河系是某个更大星系集群结构的一个组成部分，那是一个由大约50个星系共同组成的星系群。科学家们将这个星系群命名为本星系群。

从那以后，科学家们已经能够绘制出一个尺度更大、横跨数十亿光年，并且包括数十亿个星系的宇宙地图了。然而即便如此，科学家们依然无法绘制出整个宇宙的全景图。也正是从那时开始，科学家们普遍接受了这样一个事实：或许他们永远都无法绘制出整个宇宙的全景图了。

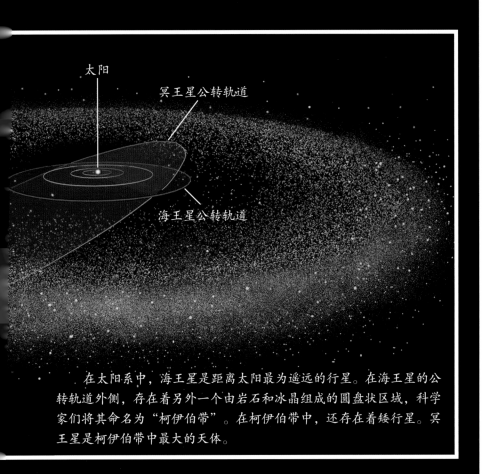

太阳

冥王星公转轨道

海王星公转轨道

在太阳系中，海王星是距离太阳最为遥远的行星。在海王星的公转轨道外侧，存在着另外一个由岩石和冰晶组成的圆盘状区域，科学家们将其命名为"柯伊伯带"。在柯伊伯带中，还存在着矮行星。冥王星是柯伊伯带中最大的天体。

你知道吗？

在过去长达100亿年的漫长岁月中，宇宙的整体颜色变得越来越红，这是因为随着空间的不断膨胀、变大，宇宙中穿梭的光的波长被拉长，因而它们的光谱谱线也朝着更红的一端移动。此外，在宇宙中，红色（相对更加年老）恒星的数目，要比蓝色（相对更加年轻）恒星的数目更多，这一事实也导致宇宙的颜色变得越来越红。

位于可观测宇宙的中心地带

正是由于无法看到整个宇宙的全貌，我们才无法确定太阳系在宇宙空间中的确切位置。形象地来说，我们在宇宙中的处境，就好比一艘航行在大洋中的轮船，由于四周都看不到陆地的踪迹，因此船上的海员们根本无法确定自己到底是身处于海洋的中心地带，还是位于地平线的边缘。或许太阳系真的位于宇宙的中心，然而由于无法确定宇宙的边缘，因此我们无法拿出确切的证据来证明这一假设。

接下来，我们可以换一个角度来思考这个问题：既然我们无法确定宇宙的边缘，那也就意味着，无论朝哪个方向观测宇宙，地球上的科学家们所能看到的距离都是相等的。按照这种思维方式，每个星系（包括银河系在内）都可以被认为是专属于其自身的可观测宇宙的中心。

11

什么是可观测宇宙?

宇宙的边缘

迄今为止，人类所能观测到的、距离地球最为遥远的星系所发射出来的光，在宇宙中已经传播了大约130多亿年的漫长岁月。人们会说，"那些星系与地球之间的距离大约为130多亿光年"。然而事实似乎更复杂一些，这是因为宇宙始终是处于不断膨胀的状态当中的。当那束被天文学家所观测到的光离开星系时，地球与该星系之间的距离可能只有30亿光年。正是由于宇宙在不断膨胀，那束光在130多亿年后的今天方才抵达地球。而当天文学家们观测到这束光的时候，当初那个距离地球仅有30亿光年的星系，现在可能已经远在300亿光年之外了。实际上，绝大多数天文学家都相信目前可观测宇宙空间范围在距离地球大约465亿光年内。可以肯定的是，在距离地球超过465亿光年的宇宙空间中，依然存在着无数的星系，然而至少到目前为止，我们还无法观测到它们。

在条件适宜的情况下，人类能够凭借肉眼在夜空中看到数千颗星星。而借助天文望远镜，天文学家可以观测到数十亿颗星星。

太阳系

太阳 水星 地球 金星 火星 小行星带 木星 土星 天王星 海王星 柯伊伯带

★此图距离不是成比例的。

所谓可观测宇宙，指的是以观测者为中心所能观测到的宇宙范围。

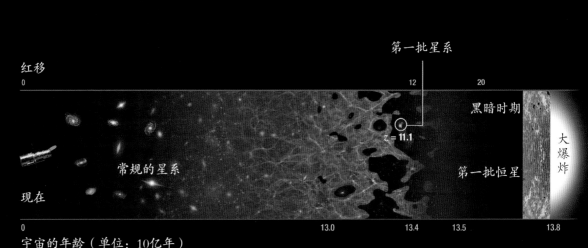

第一批星系

红移
0   12   20

黑暗时期

z = 11.1

大爆炸

常规的星系

第一批恒星

现在

0   13.0   13.4   13.5   13.8
宇宙的年龄（单位：10亿年）

　　科学家们通过哈勃空间望远镜进行了多项研究，他们因此获得了130多亿年前宇宙中曾经出现过的景象。"哈勃深场"中的星系形成于大约128亿年前——也即大爆炸发生的大约10亿年之后。而"哈勃极深场"中的星系，则形成于大爆炸发生的大约7亿年之后，这些星系靠近天文学家所说的可观测宇宙的边缘。所谓可观测宇宙，也就是我们目前所能观测到的宇宙范围。

　　在不借助天文望远镜的情况下，土星是人类能够凭借肉眼看到的距离地球最远的行星。借助天文望远镜，人们在太阳系中可以看到的最遥远的天体是赛德娜——一颗小行星，它距离太阳大约130亿公里。天文学家们认为，赛德娜极有可能是人类发现的首个奥尔特云天体。所谓"奥尔特云"，指的是围绕太阳系最外层，由岩石和冰晶状物体组成的一个球体云团。

奥尔特云

你知道吗？

　　宇宙中距离地球最遥远的天体所发出的光，永远都无法被我们探测到。这是因为，宇宙正在以比光速更快的速度膨胀，而那里的天体也正在以相同的速度远离我们而去。借助更加先进、功能更加强大的天文望远镜，我们当然能够看到更加遥远的宇宙空间，然而人类或许永远都无法窥探到宇宙的全貌。

13

夜空中，我们所能看到的绝大多数天体都处于银河系当中。在晴朗的夜晚，人们甚至可以看到银河系的近邻——仙女星系。在夜空中，它就是一个微小、暗淡的光斑。

统治地球夜空的银河

我们在夜空中所能看到的一切，几乎都处于银河系当中。银河系的直径在10万~18万光年之间，而太阳系与银河系中心地带的距离大约为2.6万光年。在任何一个晴朗的夜晚，我们都能看到一条"从地平线到地平线"的星光带横跨夜空，那就是银河系的一部分。

在远离城市光污染的地方，我们甚至能够在晴朗的夜晚看到仙女星系，它是距离银河系最近的一个大星系。然而即便是在最晴朗的夜晚，仙女星系也是非常模糊在不借助天文望远镜的情况下，人类凭借肉眼在夜空中所能看到的绝大多数天体，与地球之间的距离都在数千光年范围以内。

在晴朗、月光暗淡的夜晚，人们凭借肉眼完全有可能看到成千上万颗星星。不过，如果观测者在城市中仰望星空的话，那么他所能看到的星星数目肯定会大打折扣。这是因为，城市中五颜六色的人造光源，会在相当程度上掩盖住星星的微光。也正是由于这样的原因，人们有时候会将那些城市中的人造光源称为光污染。

的，它就像是一颗失焦的恒星。仙女星系与地球之间的距离，大约为250万光年。

星光

仰望夜空时，你可能会注意到某些星星看起来要比其他星星明亮得多。或许你会如此解释这个现象：亮度越高的星星，距离地球越近；亮度越低的星星，距离地球越远。然而实际上，一颗看起来非常明亮的星星，其与地球之间的距离也可能非常遥远；与之相应的，一颗暗淡的星星，倒有可能是地球的近邻。之所以会如此，是因为星星的亮度不仅取决于它们与地球之间的距离，还取决于其本身的发光量。在不考虑距离这一影响因素的前提之下，天文学家们将地球上看到某颗恒星的亮度定义为"目视光度"。

宇宙中存在着数千亿个星系，每个星系内可能都包含有数百亿颗恒星。我们之所以能够看到恒星，是因为这一类天体自身能够发出可见光。不过，绝大多数恒星距离地球都非常遥远，它们发出来的光射向宇宙中的各个方向，因此只有其中的一部分能够最终抵达地球。

靠反射恒星光来"发光"的天体

除了恒星之外，我们在地球上还能看到其他类型的天体，比如月球以及太阳系内的其他行星。这些天体都无法自行发光，然而我们能够看到它们，这是因为这一类天体能够反射太阳光。而在宇宙的更深处，还存在着由尘埃和气体组成的星云，它们同样能够反射附近恒星所发出的光。当然，反射光的强度要比发射光低很多，因此靠反射光"发光"的天体，亮度通常都比较低。值得一提的是，宇宙空间中的很多区域几乎不存在任何物质，因此在人类看来，那些区域都是漆黑一片的。

消逝的可见光

总体来说，最终能够抵达地球，并且被人们看到的光是相对比较少的。在宇宙中，地球沐浴在由各种类型天体所发射（恒星）和反射（星云、行星、卫星）的可见光中。然而不可否认的是，绝大多数可见光都被人们"无视"了，因为那些可见光既没有被我们的眼睛所感知，也没有被天文望远镜等各种科研仪器所探测到。

蟹状星云的光芒来自于其周围的恒星，以及其核心处于旋转状态的中子星。中子星以接近光速的速度旋转，并且发出蓝光。

在宇宙中，自身能够发光的天体类型并不多。通常情况下，最终抵达地球的光，大多是来自于其他天体的反射光。值得一提的是，在宇宙中的很多区域内，几乎不存在任何能够反射光的物质。

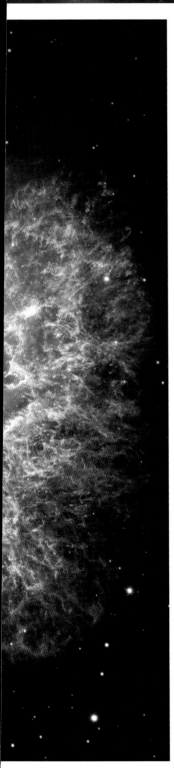

灯泡或恒星所发出的光，会随着距离的增加而迅速变暗。一般来说，如果观测者与光源间的距离增加一倍，那么他所接收到的光的强度，将只有原本光的强度的四分之一。

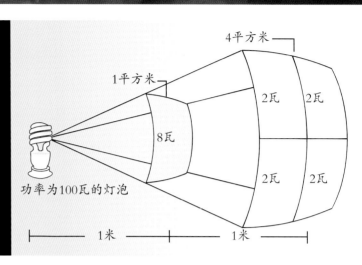

如图所示，数百颗新生恒星照亮了三叶星云。三叶星云堪称是一个巨大的"恒星摇篮"，它距离地球大约5000光年。

光在宇宙中如何传播？

光的速度

光是由被称为光子的基本粒子组成的，它们以波的形式在宇宙中传播。不同类型的光的波长各不相同。所谓波长，指的是相邻两个波峰之间的距离。具体来说，紫外线的波长比可见光的波长短，红外线的波长比可见光的波长要长。与物质类似的是，所有形式的光都要受到万有引力的影响。众所周知，所有形式的光在宇宙中的传播速度都是相同的，大约为每秒钟29.98万公里。

多普勒红移

很多在宇宙中传播的光，都表现出一定程度的红移现象。当地球与某一天体之间的距离改变时，该天体所发出来的光的波长将会发生一定程度的变化，这就是红移（或者蓝移）。具体来说，当天体与地球之间的距离变远时，该天体所发出的光在宇宙空间传播的过程中会被"拉长"，在光谱上，它会朝着波长更长、颜色更红的一端移动。而当某一天体朝向地球运动时，它所发出的光会被压缩得更"短"，在光谱上会朝着波长更短、颜色更蓝的一端移动。由于天体在宇宙空间中的移动而引发的光的波长改变的现象，被称为多普勒效应。该效应取决于天体与天体之间的相对运动。

在宇宙中，光以波的形式进行传播，而波中又含有电场和磁场这两种真实存在、但又看不见摸不着的特殊物质。值得关注的是，电场和磁场沿相同方向传播，但是二者互相垂直。振幅是衡量某种波强弱的指标，振幅越大，波中所蕴含的能量越高。

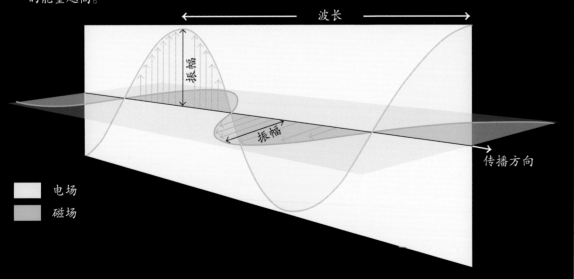

星云HD 44179的非正式名称为红矩形星云，人们根据其外形给它起了这样的一个名字。根据天文学家的推测，在红矩形星云中心恒星的周围，围绕着厚厚的尘埃云。流出的气体使球形尘埃云延展变成锥形。也正因如此，红矩形星云才会呈现出特有的外观形貌。

光的延伸

除了多普勒效应之外，宇宙空间自身的膨胀也会引发光的红移现象，这也就是所谓的宇宙学红移。科学家们认为宇宙起源于距今大约138亿年前的一次爆炸，他们将之命名为大爆炸。从那以后，宇宙从一个"点"膨胀到了现在的大小。在宇宙膨胀的过程中，它会拉伸在其内部传播的光。通过测量光的宇宙学红移程度，天文学家就可以测算出发射该光的天体距离地球有多远。通常来说，距离地球最为遥远的那些星系所发射出来的光，总是会表现出最高程度的宇宙学红移。那些天体所发射出来的光在被充分拉伸后，将会呈现出红外线和无线电波的特性。

你知道吗？

光子是组成光的粒子，它是一种本身带有能量，但是没有质量和电荷的粒子。

虽然光以波的形式在宇宙空间中传播，然而光实际上是由被称为光子的基本粒子所组成的。

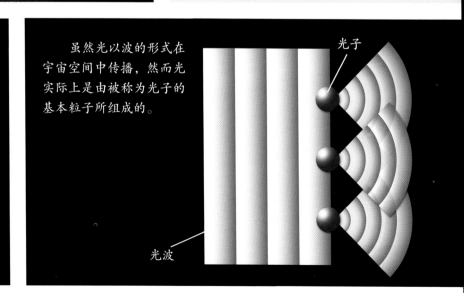

光子

光波

饥饿的核心

某些星系的中心能够释放出巨大的能量。天文学家认为，大多数星系的中心区域都存在着一个巨大的黑洞。黑洞是一个万有引力作用非常强的空间区域，任何物质（甚至包括光）都无法逃脱它的吸引。一部分星系的中心黑洞能够释放出惊人的能量。大量物质以旋涡运动状态被黑洞吞噬，其中的一部分物质最终转化成为巨大的能量喷流，人们甚至能够从地球上看到那些能量喷流的存在。

科学家们相信，作为活动星系核标准模型的黑洞，才是一系列星系得以形成的重要原因，这些星系包括类星体、耀变体、射电星系等，它们被命名为活动星系核（AGN）。活动星系核距离地球都非常遥远，因此天文学家们普遍认为，它们只发生在早期宇宙当中。在相当长的一段时间里，活动星系核所释放出的电磁能，要比宇宙中其他任何能量来源释放出的电磁能都要多。科学家们认为，类星体是所有活动星系核中最为强大的一类。

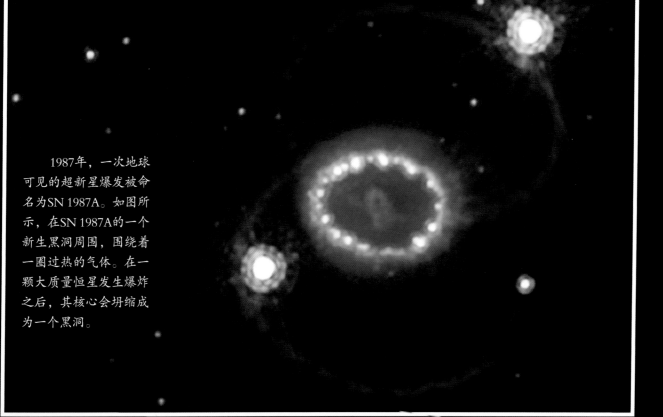

1987年，一次地球可见的超新星爆发被命名为SN 1987A。如图所示，在SN 1987A的一个新生黑洞周围，围绕着一圈过热的气体。在一颗大质量恒星发生爆炸之后，其核心会坍缩成为一个黑洞。

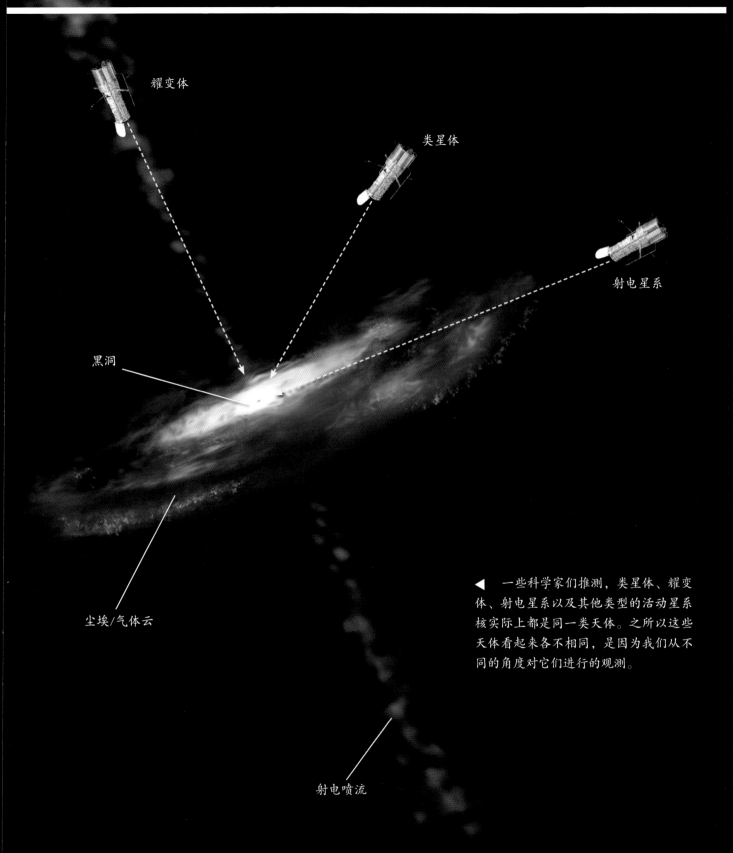

耀变体

类星体

射电星系

黑洞

尘埃/气体云

射电喷流

◀ 　一些科学家们推测，类星体、耀变体、射电星系以及其他类型的活动星系核实际上都是同一类天体。之所以这些天体看起来各不相同，是因为我们从不同的角度对它们进行的观测。

宇宙空间是绝对意义上的真空状态吗？

真的一无所有？

科学家们已经确认，没有哪一片宇宙空间是真正意义上的真空。他们的这些认知来自于量子力学理论。量子力学是物理学的一个分支，该学科重点关注原子和亚原子粒子（比原子更小的物质粒子）的行为特征。根据量子力学理论，真空并非空无一物，而是充满由粒子和反粒子组成的虚粒子对。虚粒子对会凭空出现，然后瞬间消失，这种现象被称为真空涨落。

无处不在的物质

在体积相同的情况下，真空所能容纳的原子数目，要远远少于地球表面标准大气压条件下空气所能容纳的原子数目。具体来说，在常温、常压的条件下，每立方厘米的空气中平均含有2500亿亿个原子；而在地球上真空度最高的人造真空中，每立方厘米含有不到1亿个原子。星际空间指的是恒星系统之间的空间，在那里，平均每立方厘米只有1个原子。

这张图片由智利拉西拉天文台所拍摄到的714张照片合成而来。图中所示的是一个天体密度明显偏低的区域，在数十亿光年的范围内，只有大约50个星系或者其他天体。

在宇宙中，没有任何一个区域是真正意义上的真空状态。

物质在哪儿？

在宇宙的任何一个区域内，都有物质的存在。

平均每立方米
1000万个原子

平均每立方米
100万个原子

平均每立方米
1个原子

在太阳系各大行星之间的空间里（1），存在着来自于太阳、岩石碎片以及气体的稳定粒子流；在银河系内各个恒星之间的空间里（2），虽然物质的密度小于太阳系内行星间物质的密度，但来自于星系的引力仍将气体和尘埃保持在一个相对较近的距离，因此物质的密度依然不算小。至于在星系之间相对空旷的宇宙空间中（3），物质的密度则比较小。

什么是大爆炸？

宇宙的开端

大爆炸是最被科学家接受的描述宇宙起源与演化的理论。根据大爆炸理论，宇宙曾经以一个孤零零的"点"存在于空间中。时至今日，物理学定律依然无法清晰地描述在大爆炸发生的那一瞬间，物质和能量在那种极端高温、高压条件下的行为。在大爆炸发生之后极短的时间里，宇宙主要由高能辐射、夸克-胶子等离子体所组成。随后，那些高能辐射与各种物质一起，形成了一个快速膨胀的区域，科学家们将其命名为原初火球。

你知道吗？

大爆炸理论最初被称为原初核合成理论。英国天文学家弗雷德·霍伊尔对于宇宙的起源提出了不同于大爆炸理论的稳恒态理论，他首先用"大爆炸"来专门指代宇宙开始膨胀时的爆炸。在霍伊尔之后，大爆炸这个称谓得到了广泛应用。

绝大多数科学家们都认为，宇宙起源于距今138亿年前的大爆炸；至于第一批恒星，则是在大爆炸发生2亿年之后形成的。

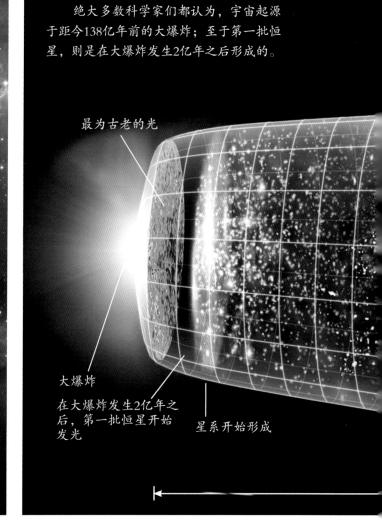

最为古老的光

大爆炸

在大爆炸发生2亿年之后，第一批恒星开始发光

星系开始形成

科学家们认为，大爆炸是发生在距今大约138亿年前的一次宇宙爆炸，它开启了宇宙膨胀的过程。

第一块基石

随着宇宙的膨胀、冷却，夸克-胶子等离子体逐渐结合在一起，并且形成了一些更大的粒子，即现在人尽皆知的质子（带正电荷的粒子）和中子（不带电荷的粒子）。在大爆炸发生之后的最初几分钟时间里，宇宙的温度下降到了10亿摄氏度以下，在这个温度条件下，质子和中子能够结合在一起，形成了后来被称为原子核的物质。

在经过38万年的漫长岁月之后，宇宙的温度下降到了3000摄氏度。在那之后，原子核成功地吸引到了电子（带负电荷的粒子）。在一个原子核周围，围绕着1个或者多个电子，它们最终共同形成了原子，即化学变化中的最小粒子。值得一提的是，在大爆炸发生的数亿年后，恒星和星系才得以形成。

大爆炸的残留物

宇宙大爆炸理论的支撑证据，部分来自于科学家们对于宇宙微波背景（CMB）的观测和研究。宇宙微波背景是来自于早期宇宙的能量，随着宇宙的不断膨胀，宇宙微波背景不断冷却。

宇宙微波背景的属性均一，具体来说，其温度在各个方向上几乎完全相同，这一特征引起了科学家们的强烈兴趣。除此以外，科学家们还在思索这样一个问题：在一个物质均匀分布的宇宙空间中，星系、空洞这样的团块结构到底是如何形成的呢？为了解释这些疑问，物理学家们提出了暴胀理论。根据该理论的说法，在大爆炸发生之后不到1秒钟的时间里，宇宙以一定的加速度快速膨胀。此外，几个宇宙空间探测器也在宇宙微波背景中观测到了微小的温度差异。科学家们认为，这些温度差异足以证明，物质在早期宇宙中便已经开始凝聚了。大爆炸发生的大约5亿年之后，当时那些物质凝结成的团块，逐渐演化成为现如今我们能够观测到的星系。

距今大约50亿年前，宇宙的膨胀开始加速

膨胀
138亿年

大爆炸之前存在哪些物质？

一个疑问：大爆炸前有物质存在吗？

迄今为止，科学家们还没有办法观察或者收集到确凿的证据，来让我们了解到大爆炸这一剧烈事件发生之前的情形。大爆炸到底是宇宙的起点，还是"膨胀——收缩——大爆炸"这一永恒循环的一部分而已？关于大爆炸之前的情形，科学家们提出了很多看法。

宇宙的起点

某些科学家们推测，大爆炸之前一切都不存在，在他们看来，大爆炸标志着物质、空间和时间的开始。而另外一些科学家们则认为，大爆炸仅仅标志着另外一个"膨胀——收缩"循环的开始，它只是一系列同类循环中的一个环节而已，而且这样的循环将永远持续下去。

大反弹理论指出，宇宙处在一个"膨胀——收缩"的永恒循环当中。根据这一理论，在大爆炸发生之前，就存在着一个与我们现在所处的这个宇宙非常相似的宇宙。经过一段时间的膨胀之后，那个宇宙开始收缩，而在收缩到一个比原子还要更小的"点"之后，它就发生了大爆炸，并形成了当前的这个宇宙。

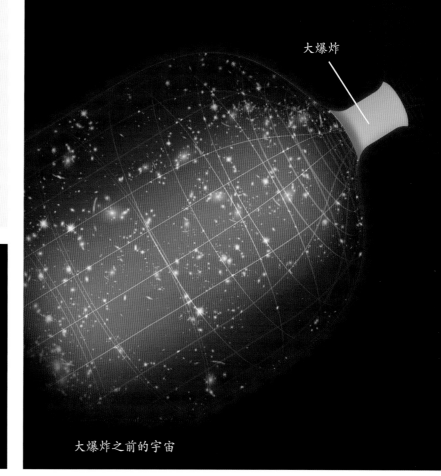

大爆炸

大爆炸之前的宇宙

迄今为止，我们只能凭借猜测来推断大爆炸之前存在着什么。

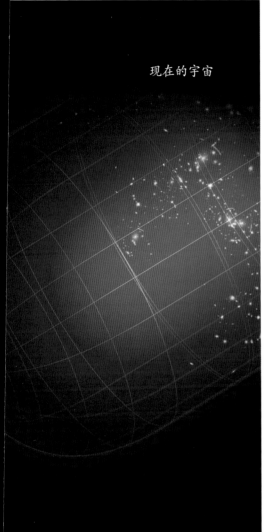

现在的宇宙

一部分科学家相信存在着许多个宇宙；而我们所处的这个宇宙，则是起源于两个宇宙的碰撞。该次碰撞产生了大量的能量和物质，那些能量和物质最终形成了我们的宇宙。

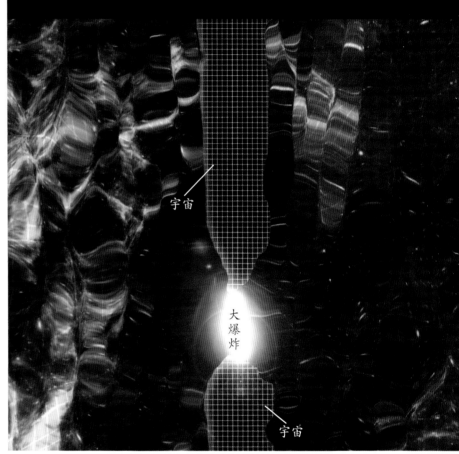

宇宙

大爆炸

宇宙

平行宇宙当中的一个？

还有一种理论认为，我们称之为宇宙的时空，只是众多宇宙中的一个而已，其他宇宙极有可能分布在"平行宇宙"（即"多元宇宙"）中，那是一个拥有许多宇宙且尺度更大的永恒时空。某些科学家甚至提出了这样一种假设：我们所在的这个宇宙，正是另外两个宇宙发生碰撞之后才得以形成的。

什么是宇宙微波背景？

最为古老的光

在大爆炸发生之后，宇宙开始了它的膨胀历程，同时其温度也逐渐降低。在相当长的一段时间内，宇宙的温度实在是太高，以至于任何构成物质的原子都无法形成。在当时那种极高的温度和压力条件下，虽然质子（带正电荷的粒子）和电子（带负电荷的粒子）都已经形成了，但它们无法聚集在一起，因而也无法形成原子。此外，当时也存在光子，然而在与自由电子进行相互作用之前，光子只能移动一小段距离。因此总体来说，当时的宇宙还是一个致密的、雾气沉

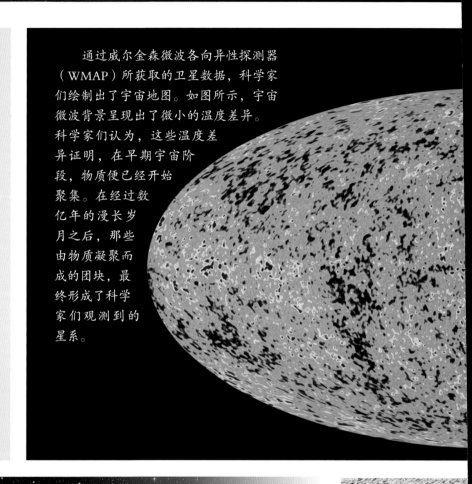

通过威尔金森微波各向异性探测器（WMAP）所获取的卫星数据，科学家们绘制出了宇宙地图。如图所示，宇宙微波背景呈现出了微小的温度差异。科学家们认为，这些温度差异证明，在早期宇宙阶段，物质便已经开始聚集。在经过数亿年的漫长岁月之后，那些由物质凝聚而成的团块，最终形成了科学家们观测到的星系。

2009年，欧洲航天局将普朗克卫星发射升空，它是一个宇宙微波辐射探测器，目前已绘制出了迄今为止细节最为丰富的宇宙微波背景图。

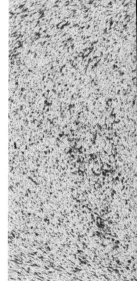

科学家们认为，宇宙微波背景是大爆炸的"残留物"。

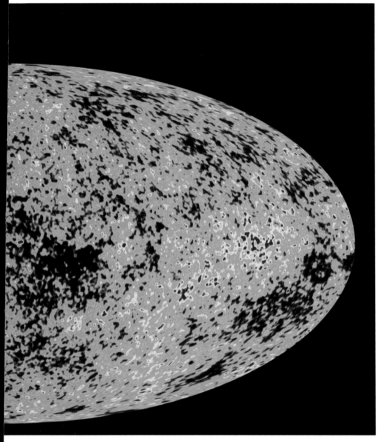

沉的空间。

记录宇宙的历史

在大爆炸发生大约38万年之后，宇宙的温度降低到了足以让质子和电子进行结合，进而形成原子的程度。在那之后，由于绝大多数电子都被束缚在了原子当中，因此光子能够穿透宇宙空间，自由地传播了。我们所说的宇宙微波背景（CMB），是一种能量的形式，它代表了第一批原子形成之后所释放出来的原始光。值得关注的是，当时这种光的波长（相邻两个波峰之间的距离），要比现如今科学家们观测到的宇宙微波背景的波长短很多，这是因为，随着一百多亿年宇宙空间的不断膨胀，当时的那些光的波长都被"拉伸"了，以至于呈现出了微波特征。

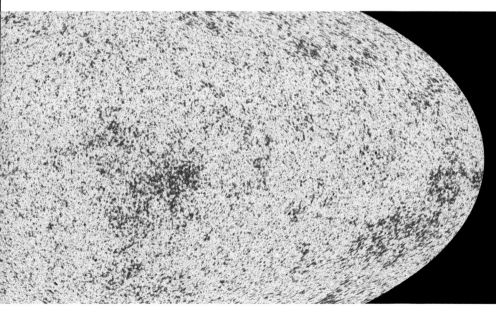

这是由普朗克卫星所拍摄到的第一批宇宙微波背景图像之一，天文学家们将其与一张银河系的照片相叠加，该图像细节的丰富程度，与威尔金森微波各向异性探测器（WMAP）五年来所收集到的图像如出一辙。实际上，随着普朗克卫星继续观测宇宙微波背景，它所获得的图像细节将变得更加丰富。本图中的红色实心区域，代表着来自于银河系的干涉。

宇宙一直都在膨胀吗?

哈勃的惊人发现

早在20世纪初，美国天文学家埃德温·哈勃便已经注意到星系与星系之间的距离正在变得越来越远。除此以外，哈勃还意识到，两个星系之间的距离越远，它们之间相互远离的速度就越快。哈勃这些惊人的发现，帮助天文学家们得出了如下结论：自从诞生的那一刻开始，宇宙空间便始终处于膨胀的状态当中。

永恒的膨胀？

科学家们曾经认为，宇宙的膨胀速度应该是逐渐减缓的，这是因为宇宙中所有物质的万有引力，将会起到减缓宇宙膨胀速度的作用。以这种理论为出发点，某些科学家甚至提出了这样的一种假设：宇宙最终会停止膨胀，在那之后，它将会由膨胀状态转为收缩状态。时至今日，依然有科学家在为这一被称为大挤压的理论进行争论。然而，更多的科学家却坚定地认为，宇宙将永远膨胀下去。实际上，已经有科学家为这一论断找到了确凿的证据，他们证明了宇宙一直都在以一个加速度进行着加速的膨胀。这些科学家们提出理论称，一种名为暗能量的神秘力量，是宇宙加速膨胀的推动力量。当然，时至今日，科学家们对于暗能量依然知之甚少。

20世纪90年代，通过深入分析和研究超新星爆发所释放出的光，科学家们确认了"宇宙正在加速膨胀"这一事实。宇宙膨胀速度的增加趋势如图所示。科学家们认为，一种被称为暗能量的神秘能量，是宇宙膨胀速度加快的最重要推动力量。

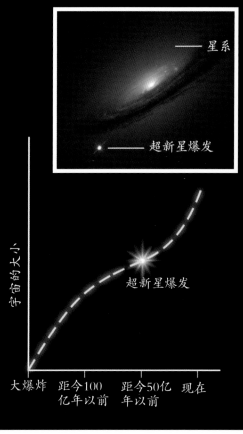

哈勃空间望远镜已经拍摄到了一些宇宙中距离地球最为遥远的星系的图像。哈勃空间望远镜以美国天文学家埃德温·哈勃的名字命名，这位天文学家发现，距离地球越远的星系，其远离地球的速度就越快。

三种可能的未来

　　在科学家们确定暗能量的性质之前，宇宙的未来依然是充满不确定性的。参考暗能量的实际性质，宇宙的未来至少存在以下三种截然不同的可能性。

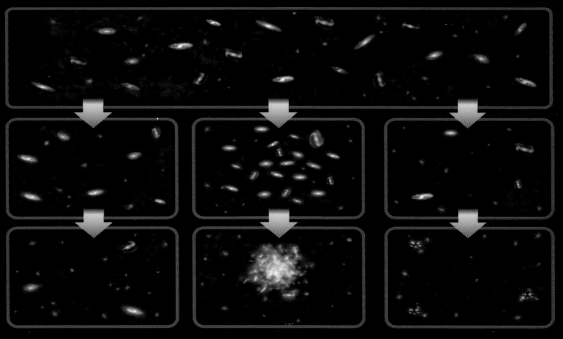

大冻结

　　如果暗能量的密度保持不变的话，那么宇宙的膨胀速度将会以一个恒定的加速度继续增加，星系之间的距离也将因此而变得越来越遥远，以至于在大约1000亿年之后，身处银河系内部的观测者将几乎看不到任何其他星系。

大挤压

　　如果暗能量的密度下降到一个足够低的标准，那么在接下来大约1000亿年的时间里，万有引力将会把所有星系拉近到一个足够近的距离，并且引发一场"大挤压"。在那之后，宇宙将重新经历另外一次大爆炸。

大撕裂

　　如果暗能量的密度继续增加，那么宇宙膨胀速度的加速度也将不断增加。在接下来大约500亿年的时间里，每一个星系都将会被撕裂出一个大裂口。在这种情况下，甚至连原子本身也可能会被撕裂。

不断成长的宇宙

大爆炸并不仅仅是能量和物质爆炸成为宇宙那么简单，实际上，那也是空间本身的大爆炸。因此，当科学家们说"宇宙正在膨胀"时，他们真正希望表达的意思是"宇宙空间本身正在膨胀"。具体来说，星系与星系之间的距离越来越远，这并非是因为它们正在"背向而行"，而是因为二者之间的宇宙空间正在不断膨胀。

不断膨胀的宇宙

大爆炸

在大爆炸发生之后，宇宙开始膨胀；而恒星、星系以及其他所有天体之间的距离，也随着宇宙的不断膨胀而增加。宇宙空间的增大，将会对在其中传播的光起到"拉伸"的作用。具体来说，光的波长将会变长，这种现象被称为宇宙学红移。通过测量红移的程度，科学家们就可以估算出宇宙的膨胀速度。

如图所示，包括第谷超新星遗迹在内的所有天体，都正在快速远离地球而去。更加重要的是，这些天体"离去"的速度，要比科学家们之前预想的更快。几百年前，丹麦天文学家第谷·布拉赫专注于研究超新星爆发，也正是他发现了"第谷超新星"。到了20世纪90年代，所有研究超新星爆发的天文学家们都意识到，超新星爆发所释放出的光的红移程度，明显高于他们之前的预期。如此高的红移程度，表明那些超新星离我们远去的速度要比之前科学家们想象的更快。也正是由于这一发现，天文学家们才会认为宇宙的膨胀速度正在加快。

你知道吗？

根据科学家们的估计，在大爆炸发生之后的第一秒，宇宙空间的温度大约为100亿摄氏度。

宇宙的膨胀并不会改变它的重要属性。实际上，这一过程仅仅是空间自身的扩张。

光波

光波

光波

星系相互远离：宇宙膨胀的产物

那么，我们究竟该如何准确地理解宇宙空间的膨胀过程呢？我们可以将宇宙想象成为一块内部嵌有葡萄干的面包，面包胚代表宇宙，而星系则是均匀分布于其中的葡萄干。当我们把面包胚放入烤箱烘烤时，面包胚会因为受热而膨胀；与

此同时，面包胚中的葡萄干注定会相互远离。实际上，葡萄干是无法在面包胚中自由移动的，它们之间之所以会相互远离，唯一的原因就是面包胚在膨胀。与此同理，宇宙空间本身的膨胀，直接导致星系之间的距离变得越来越远。

"粒子能量站"

　　早在20世纪初，科研人员就已经确认了宇宙线的存在。与由光子构成的电磁辐射不同的是，宇宙线由亚原子粒子构成，那些都是比原子还要更小的粒子。具体来说，亚原子粒子包括电子、质子以及原子核等，这一类粒子的质量要比光子更大，因而也蕴含更高的能量。到目前为止，没有人能够确切地知道宇宙线到底从何而来，不过科学家们已经针对这个问题提出了几种相关的理论。

高能宇宙线是宇宙中能量最强的粒子。

在抵达地球之前，宇宙线可能已经在宇宙空间中穿行了数百万年的漫长岁月。据估计，在地球表面每平方米的面积上，每秒钟都会承受数百个宇宙线粒子的撞击。

阿根廷的皮埃尔·俄歇天文台拥有1600个宇宙线探测器，这些探测器分布在3000平方公里的一片区域内。

神秘的起源

科学家们相当肯定一点，那就是能量最低的一类宇宙线，来自于我们所处的星系——银河系——中的超新星爆发。不过，有些宇宙线的能量实在是太高，即便是连超新星爆发都无法产生那个能量级别的射线。科学家们目前怀疑，最高能量级别的宇宙线，可能起源于类星体，这一类天体所释放出来的能量，比宇宙中任何其他天体都要高。当然，无论宇宙线起源于哪里，当它们进入地球的大气层时，都会与那里的粒子发生相互作用，并因此而产生次级粒子的簇射。

实际上，包括阿根廷的皮埃尔·俄歇天文台在内，世界上有很多天文台都在研究这些高能的宇宙线。科学家们希望通过研究这些奇特的高能宇宙线，有朝一日能够揭示出宇宙中最极端部分的信息。

当宇宙线进入地球大气层时，初级宇宙线粒子会与气体分子发生碰撞，并因此而产生次级宇宙线粒子。科学家们将第一类次级宇宙线粒子命名为π介子，它的寿命只有几十亿分之一秒，随后便分解为各种亚原子粒子。在所有亚原子粒子当中，最重的一类被科学家们命名为μ子，这类粒子能够抵达地球表面，甚至能够穿至地表以下数千米深的区域。

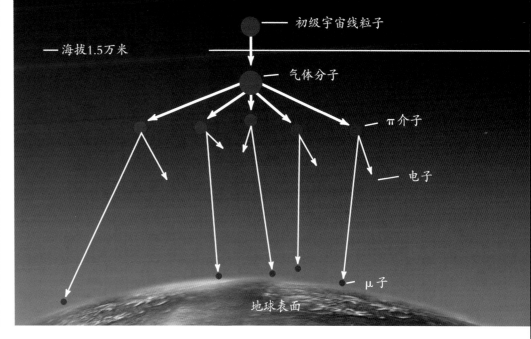

初级宇宙线粒子

海拔1.5万米

气体分子

π介子

电子

μ子

地球表面

伽马射线爆——光耀宇宙

当宇宙处于自身的年轻阶段时，其体积比现在要小得多。当时，宇宙空间内一部分恒星的体积，比现在天文学家看到的任何天体都要更大。那些恒星是如此之大，以至于它们在自身生命终结时会发生称为超新星爆发的剧烈爆炸。

通常情况下，超新星都出现在遥远且古老的宇宙区域。伽马射线爆（GBR）是电磁能量形式中能量最大的脉冲。而很多天文学家都认为，超新星正是伽马射线爆的源头。令人震惊的是，那些伽马射线爆所释放出的能量，能够达到最大规模超新星爆发所产生能量的数千倍，这一事实足以证明，伽马射线爆的剧烈程度，要比我们今天所看到的、距离地球更近的超新星爆发的剧烈程度高出许多。

◀ 如图中心位置所示，一种被科学家们称为暗爆发的伽马射线爆，能够同时释放出伽马射线和X射线，然而该过程无法释放出可见光。最新的研究结果表明，本图中呈绿色的超厚气体尘埃云，阻挡了暗爆发所释放出的可见光。

▲ 这是一幅由艺术家创作的插图。如图所示，伽马射线爆GRB 080319B的巨大威力，达到了有史以来最强超新星爆发的250万倍。该伽马射线爆距离地球大约75亿光年，尽管如此，2008年年初人们依然能够仅凭肉眼就可以看到其爆发的过程。

什么是暗能量？

反引力

　　20世纪90年代末，天文学家们已经确定，宇宙不但处于不断膨胀的过程当中，而且其膨胀的速度越来越快。可以肯定的是，必然存在某些神秘的力量，才会造成这样的结果。科学家们用暗能量来描述这种神秘的力量。暗能量似乎与万有引力相反，因为它不仅不会把物体相互拉近，反而会把它们相互推远。宇宙膨胀的程度越大，暗能量似乎就越多。科学家们的测算结果显示，宇宙中暗能量的密度，要大于物质的密度。

"无踪无影"的能量

　　尽管天文学家已经在相当程度上确定了暗能量的确存在于宇宙空间当中，然而迄今为止，他们还并不清楚这种能量究竟是由什么构成的，或者说是如何产生的。可以肯定的是，对于这种神秘能量的进一步深入研究，必将有助于我们更好地了解宇宙的未来。

你知道吗？

　　因为暗能量不受万有引力的影响，因此在宇宙空间中，它是唯一能够避免被黑洞吞噬的东西。

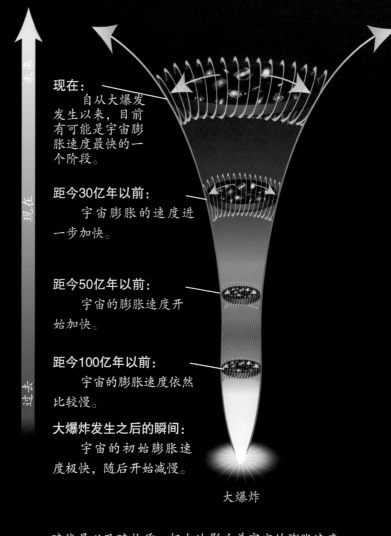

现在：
　　自从大爆发发生以来，目前有可能是宇宙膨胀速度最快的一个阶段。

距今30亿年以前：
　　宇宙膨胀的速度进一步加快。

距今50亿年以前：
　　宇宙的膨胀速度开始加快。

距今100亿年以前：
　　宇宙的膨胀速度依然比较慢。

大爆炸发生之后的瞬间：
　　宇宙的初始膨胀速度极快，随后开始减慢。

大爆炸

　　暗能量以及暗物质，极大地影响着宇宙的膨胀速度。暗能量有可能在排斥（推开）可见物质，而暗物质则似乎能够通过万有引力将所有物质聚集在一起。在距今大约50亿年以前，暗能量产生的排斥力，终于超过了暗物质和普通物质的万有引力之和，从那一刻开始，宇宙的膨胀速度便开始加快了。

暗能量是一种未知的能量形式，科学家们认为，暗能量的存在加快了宇宙的膨胀速度。

本图中的紫色区域是A85星系团，它是钱德拉X射线天文台所观测到的86个星系团当中的一个。在过去70亿年的漫长岁月当中，暗能量一直在减缓星系团的形成速度。而钱德拉X射线天文台的工作人员，希望通过持之以恒的观测和研究，找到暗能量影响星系团形成速度的秘密。

物质从何而来？

早期的"战争"

科学家们认为，在大爆炸发生过后最初的几微秒时间里，物质和反物质便都已经形成了。与物质类似的是，反物质也是由基本粒子构成的。值得关注的是，反物质基本粒子的某些性质，与其"孪生兄弟"——物质——截然相反。

当物质和反物质相遇时，它们将同时毁灭（即所谓的湮灭），并且将产生一定的能量。有趣的是，在大爆炸发生之后的第一个瞬间，物质和反物质都是由能量产生的。在早期宇宙中，能量、物质和反物质不断地被创造、被毁灭，它们曾经处于这一循环当中。科学家们认为，那些粒子在物质与能量之间迅速地来回切换，直到它们凝聚、沉淀成为固定的形式。

统一力

在大爆炸发生之后的第一个十亿分之一秒时间里，物质宇宙迅速变化。在大爆炸发生之前，只有一种形式的统一力；而在大爆炸发生之后，万有引力从统一力中分离出来，率先成为自然界四种基本力中的一个。至于其他三种基本力——强相互作用力、弱相互作用力以及电磁相互作用力，也很快从统一力中分离出来。几秒钟之后，一种被称为"反物质"的物质便几乎彻底消失了，而普通的物质则形成了最简单化学元素的核。在经历了38万年的膨胀和冷却后，质子和电子相互结合，第一个原子终于出现了。

反物质消耗殆尽，只留下了物质。

最小的亚原子粒子开始结合

质子、电子和中子

原子核

1秒钟

38万年

第一批原子

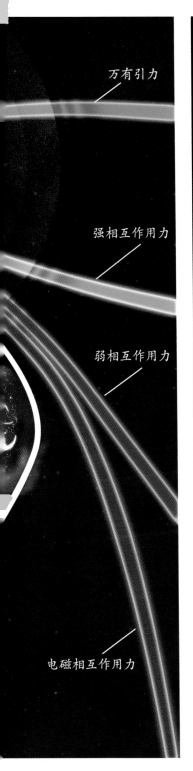

万有引力

强相互作用力

弱相互作用力

电磁相互作用力

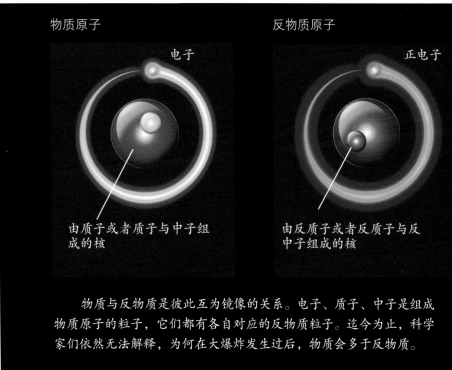

物质原子   反物质原子

电子   正电子

由质子或者质子与中子组   由反质子或者反质子与反
成的核   中子组成的核

物质与反物质是彼此互为镜像的关系。电子、质子、中子是组成
物质原子的粒子，它们都有各自对应的反物质粒子。迄今为止，科学
家们依然无法解释，为何在大爆炸发生过后，物质会多于反物质。

不容忽视的事实

在现在的宇宙空间中，物质要比反物质多得多，这一事实给科学家们
提出了这样一个问题：在大爆炸发生过后，如果物质和反物质是被等量创
造出来的话，那么它们应该早已湮灭殆尽，宇宙中也只会存在能量，而不
会存在任何的物质和反物质。可以肯定的是，存在某些至今仍然不为人类
所知的神秘影响因素，导致物质在与反物质的"斗争"中占据了上风。通
过计算，物理学家们已经得出结论：在大爆炸发生过后，在10亿个粒子
中，只要物质粒子比反物质粒子多出1个，那么在经历了漫长的岁月之后，
就可以发展成为现在这样一个充满物质的宇宙。

物质组成了所有我们能够看到、接触到和感知到的物体，比如行星、
恒星、动物、植物，都是由物质组成的。实际上，即便是人类自身，同样
也是大爆炸那样一个现象级事件发生，并导致物质产生的产物之一。

什么是暗物质？

　　恒星、行星、星系，以及我们所能看到的一切，仅仅是宇宙中物质总量的1/6，甚至更少。现在，科学家们已经确认了更多其他物质的存在，那些物质同样有自身的引力。令人感到费解的是，与普通物质不同，这些神秘的物质既不会释放，也不会反射辐射，科学家们将这一类神秘的物质称为暗物质。

　　本图是一张合成图，是由哈勃空间望远镜、钱德拉X射线天文台所获得的数据合成的。如图所示，在某一个由两个星系团碰撞而形成的巨大星系团（在本图中被渲染成了粉红色）周围，围绕着暗物质云（在本图中被渲染成了蓝色）。这样的碰撞减缓了星系团中可见物质的运动速度，然而这一过程却无法减缓周围暗物质的运动速度。

　　本图是哈勃空间望远镜在不同时间点拍摄到的天空中某一区域的图像。据此，天文学家们便能够绘制出该区域暗物质的三维地图。通过观测暗物质的万有引力影响附近天体、光线的方式和程度，天文学家们就能够确定这类神秘物质所在的位置。

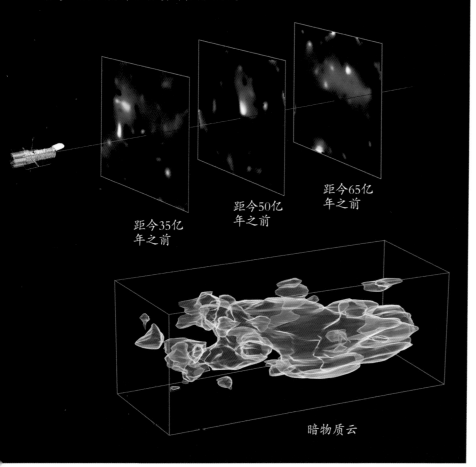

距今35亿年之前

距今50亿年之前

距今65亿年之前

暗物质云

　　自大爆炸发生以来，构成宇宙的物质和能量的类型发生了很大的变化。具体来说，早期宇宙中包含有大量的暗物质以及光子、原子和中微子。而现在，暗能量和暗物质在宇宙中占据着统治性地位。

暗物质是一类神秘的物质，我们只能凭借观测其万有引力对外界的影响，才能知道它的存在。

隐形的"星系胶水"

有以下几个线索能够证明暗物质的存在。比如，天文学家们已经发现，星系的实际旋转速度，要比科研人员根据该星系物质总质量所计算出来的理论旋转速度更快。值得关注的是，星系的实际旋转速度实在太快了，以至于在正常情况下，它们应该分崩离析才对。科学家们据此认定，星系内部肯定存在着一些看不见的神秘物质，正是这一类神秘物质产生了更强的万有引力，方才将星系紧密地聚集在一起。科学家们认为，那些神秘的物质就是暗物质。

另外一个暗物质存在的线索，来自于星系团，在这一类天体内部，存在着大量炽热的星系间气体。值得一提的是，那些星系间气体的温度都非常高，正常情况下，它们应该从自己所在的空间区域中逸散出去。然而事实却是，星系间气体相对稳定地存在于原有位置上。科学家们认定，正是由于暗物质所产生的万有引力，炽热的星系间气体方才无法逸散出去。

很多科学家都认为，暗物质极有可能是由大量的亚原子粒子所组成的。目前，科学家们依然在致力于鉴别这些粒子。近年来，虽然天文学取得了日新月异的发展，然而迄今为止，暗物质依然是这一学科中最重要的难题之一。

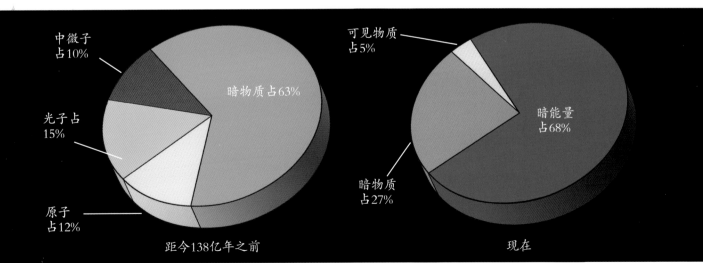

距今138亿年之前   现在

这是一幅由艺术家创作的插图，在本图的左上角，一个不同寻常的黑洞俘获了由其伴星（右）所释放出来的气体。科学家们将这一双星系统命名为"IC 10 X-1"。与绝大多数超大质量黑洞不同的是：IC 10 X-1系统中的黑洞并没有处在星系的中心区域。尽管如此，该黑洞依然是人类已知最大的恒星级黑洞，它是由一颗大质量恒星坍缩之后形成的。

无比强悍的引力

在一颗超大质量恒星寿命的尾声阶段，它会因为自身强大的引力场而自行坍缩，其剩下的核心将继续被压缩，最终形成一个看不见的中心，这就是黑洞的起源。吞噬的物质越多，黑洞的质量就越大，其引力场强度也会相应地变大。

无形的神秘天体

黑洞由吸积盘、事件视界以及奇点组成。吸积盘是围绕黑洞转动的物质旋涡；事件视界即黑洞的边缘，在那里，所有物质都会被黑洞吞噬；至于奇点，则是黑洞实际的中心，所有被其吞噬的物质都将在那里终结。

黑洞的引力场是如此的强悍，以至于在其附近经过的任何物质都会被其吞噬，连光也不例外。

黑洞附近的任何物质包括光，都会被它吞噬、并最终落入位于黑洞中心的奇点，而且永远都无法逃脱。

黑洞的数量

宇宙中所存在的黑洞的实际数量，明显要比科学家们之前预期的更多。仅仅在银河系的范围之内，就有可能存在着数百万个黑洞。在过去几年的时间里，科学家们已经确定，绝大多数星系的中心区域，都存在一个超大质量黑洞，我们所处的银河系也不例外。

黑洞的性质非常特殊，因此对于科学家们来说，它是一个非常奇怪的发现。目前，黑洞已经凭借自己神秘的属性吸引了很多科学家，甚至是普通民众的关注。有些人认为，黑洞极有可能是我们通往其他宇宙空间的通道。

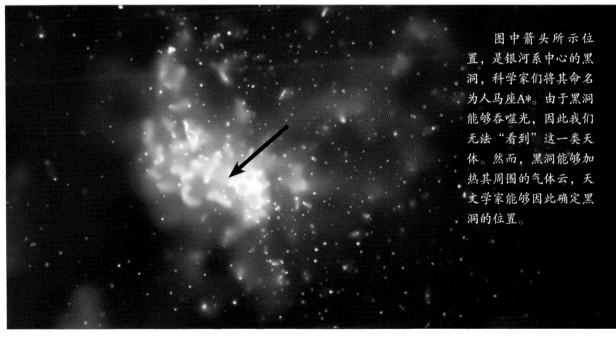

图中箭头所示位置，是银河系中心的黑洞，科学家们将其命名为人马座A*。由于黑洞能够吞噬光，因此我们无法"看到"这一类天体。然而，黑洞能够加热其周围的气体云，天文学家能够因此确定黑洞的位置。

什么是微型黑洞?

人造黑洞?

　　科学家们预言,微型黑洞非常小,甚至只有一个原子那么大。相对极小的体积而言,微型黑洞的质量是无比巨大的,几乎与地球上一座大山的质量相同。

　　英国物理学家斯蒂芬·霍金最先预言了微型黑洞的存在,他坚信,在大爆炸发生之后,这一类天体能够在第一时间形成并发展起来。

　　在大爆炸发生之后,宇宙空间的温度极高,少部分物质可能已经被挤压在了一起,并且产生了极强的引力,从而形成微型黑洞。

　　一些科学家们预言称,借助强大的粒子加速器,人类可以"创造出"微型黑洞。当然,即便粒子加速器真的能够"创造出"微型黑洞,它们也只能存在极短的一段时间,因此并不会对科研设备和人类造成威胁。

大型强子对撞机(LHC)是有史以来最大的科学实验设备。如图所示,其地下加速器隧道的周长约为27公里。

通过计算机来模拟粒子在粒子加速器(如大型强子对撞机)中高速碰撞的情形,科学家们就能够"创造"出亚原子粒子。

某些科学家们认为，宇宙中存在着一类极小的黑洞，他们将这一类天体命名为微型黑洞。

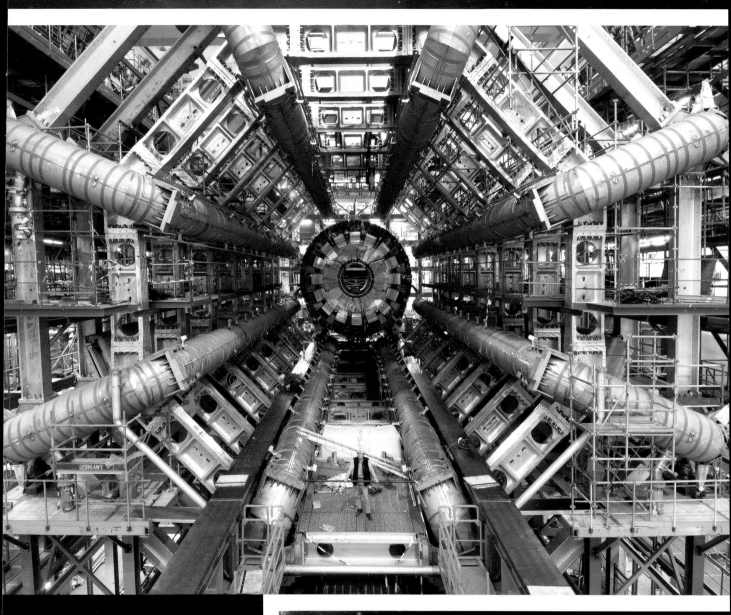

尽管大型强子对撞机能够"创造出"微型黑洞，但这一类黑洞也会在转瞬之间便彻底消失，因而不会对科研设备和人类造成威胁。

你知道吗？

在"马力全开"的情况下，大型强子对撞机每秒钟能够激发并产生6亿次碰撞。

除了太阳，宇宙中是否还有其他恒星拥有自己的行星？

太阳并不"孤单"

20世纪90年代，科学家们发现了第一颗围绕中心天体进行轨道运动的系外行星。从那以后，天文学家们又发现了数百颗系外行星。当然，绝大多数系外行星系统，与我们所在的太阳系相比区别巨大。

大海捞针

科学家们极难定位系外行星系统，这是因为在系外行星系统内，中心恒星的亮度往往都非常高，它们通常都会遮掩住其行星反射的光芒。正是由于这样的原因，科学家们几乎不可能探测到任何行星反射的微弱光芒。天文学家们之所以能够在寻觅系外行星系统这一领域取得一些突破性进展，是因为在行星引力的作用下，中心恒星可能会发生"摆动"。通过探测这一现象，天文学家们找到了一些系外行星系统的踪迹。

科学家们相信随着更高端、功能更加强大的天文望远镜的出现，人类在不久的将来必定能够发现与地球相似的行星，甚至能发现外星生命的存在。

本图是一幅由艺术家创作的插图。左边3颗行星围绕最右边的红矮星Gliese 581进行公转运动。在这3颗行星中，有1颗行星的公转轨道，处于该中心恒星中的"适居带"。所谓"适居带"，是指行星系中适合生命存在的区域。

天文学家们已经发现了一些系外行星。与太阳系类似的是，这些由中心恒星和系外行星所组成的系统，同样被称为行星系统。

　　本图是一幅由艺术家创作的插图。如图所示，系外行星HD 70642b的质量大约是木星的两倍，它几乎"霸占"了一个假想月亮上方的天空。系外行星HD 70642b与其中心恒星之间的距离，大约是木星与太阳距离的3/5。这表明，在该行星系统当中，也有可能存在着一颗体积较小的类地行星。

除了地球，宇宙中是否还有其他存在生命的行星？

外星生命是否存在？

多年以来，"外星生命是否真的存在"以及"其他行星上是否有生命存在"这样的问题，一直吸引着科学家们的注意力，普通民众也对这一话题兴致盎然。实际上，就在不久以前，诸如"在宇宙中寻找其他生命"这一类科学探索，并没有被认为是严肃的科学。好在，这样的情形近来正在发生改变。

是否存在另外一个地球？

多年以来，很多科学家的工作重心，都集中在"对于生命来说，在宇宙中进化到底需要哪些条件"这一类科研项目上，他们专注于研究地球上的现有条件，并且进一步推测，在宇宙中的其他地方，有可能存在着一个各方面条件都与地球非常相似的行星。宇宙中的恒星有如恒河沙数，这一事实让绝大多数科学家都坚定地认为，地球不太可能是唯一一颗适合生命生存和进化的行星。

倾听无线电信号

弗兰克·德雷克是一位美国天文学家，他被认为是第一个提出通过特定数学公式来计算外星生命存在概率的科学家。在美国加利福尼亚州实施的"搜寻地外文明计划"（SETI）中，德雷克进行了深入研究。在该计划实施的过程中，科研工作者们用巨大的射电望远镜来扫视宇宙空间，以搜寻由其他文明所发射的信号。德雷克公式表明，仅仅在银河系的范围之内，就存在着1万个潜在的可探测文明。

如图所示，由气体、冰晶颗粒组成的羽状喷流，从土星的卫星土卫二的南极地区喷射到宇宙空间当中。科学家们研究发现，土卫二的冰面下存在着一层液态水。众所周知，水是生命的必需品。

迄今为止，我们依然无法确定宇宙中的其他地方是否有生命的存在。很多科学家都在努力寻找这个问题的答案。

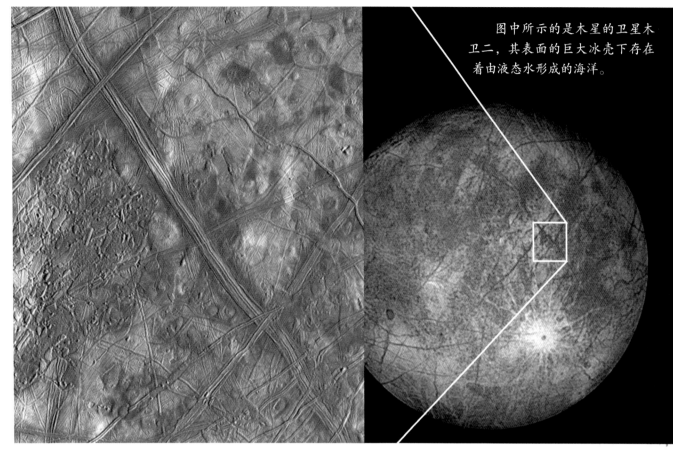

图中所示的是木星的卫星木卫二，其表面的巨大冰壳下存在着由液态水形成的海洋。

在美国加利福尼亚州实施的"搜寻地外文明计划"中，艾伦望远镜阵是唯一一个专门用来寻找外星生命的大型望远镜。艾伦望远镜阵是一台射电望远镜，它目前拥有42个碟形天线。该大型设备的最重要职责，就是监听外星文明发来的信号。

宇宙中的最强磁体

当一颗恒星接近其生命的尽头时，它有可能以两种方式毁灭。通常来说，恒星既有可能缓慢燃烧，直至其"燃料"被彻底耗尽；也有可能在一个被称为超新星爆发的巨大能量释放过程中爆炸。

如果一颗恒星比太阳大出几倍的话，那么它将会在"燃料"行将耗尽之际发生剧烈的变化，并且引发"超新星爆发"。不过，剧烈的爆炸并非是该恒星的最终结局。

真正意义上的大质量恒星，将会坍缩成为一个体积极小、质量极大的天体，科学家们将其称为"黑洞"。至于质量稍小一些的恒星，则有可能会变成一个密度极高、磁性极强的天体，科学家们称其为中子星。中子星的旋转速度非常快，这一类天体每秒钟能够自转很多次。有一类特殊的中子星被称为脉冲星，这一类天体就像一个能够释放出高能光束的"灯塔"；另外一种类型的中子星被称为磁星，这一类天体的磁场强度，能够达到太阳磁场强度的上万亿倍。

所谓磁场，指的是带有磁性的物体对其周围空间产生的影响。科学家们认为，在某些情况下，一种被称为"星震"的扰动，会导致磁体的磁性外壳碎裂，这种现象将对磁星的磁场造成严重的破坏。快速变化的磁场，能够产生强大的X射线以及伽马射线爆。脉冲星和磁星的主要区别在于这两类天体的能量来源：脉冲星的能量源于其极快的旋转速度；而磁星的能量，则是来源于其强大的磁场。

天文学家所发现的第一颗磁星的亮度，比它诞生时所处的尘埃气体旋涡的亮度还要更高。1979年3月5日，天文学家们突然意识到他们当时正在观测的是一种全新类型的天体。当时，几个太空探测器都记录下了来自于大麦哲伦云某一位置的伽马射线的强烈爆发。那颗被精准定位为爆发源的磁星，形成于一次超新星爆发的残骸当中，那次超新星爆发所释放出来的光，在数千年前抵达了地球。

磁星能够产生能量喷流（如图中的粗白线），在这个方面，磁星与其"兄弟"脉冲星如出一辙。当然，磁星喷流所蕴含的巨大能量，来源于其自身产生的强大磁场（如图中的蓝线）；至于脉冲星，则是通过自身的快速旋转来获得能量。磁星和脉冲星都属于中子星，这一类天体通常是某颗大质量恒星在超新星爆发之后留下的极其致密的核心。

宇宙是由弦构成的吗？

弦粒子

一些科学家们相信组成所有物质的基本粒子，都是由不可思议的、奇特的线状能量环所组成的，他们将这些线状能量环称为弦。如果有人能够"看见"这些弦的话，那么他们会发现，这些线状能量环在不停地振动、融合、分裂、消失以及重

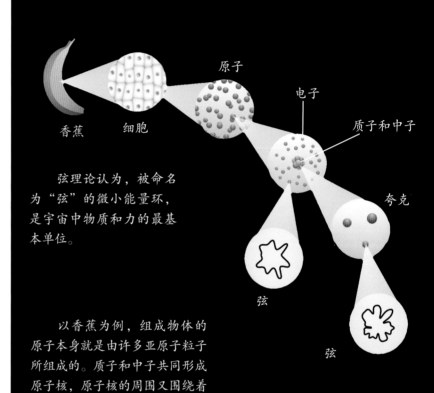

弦理论认为，被命名为"弦"的微小能量环，是宇宙中物质和力的最基本单位。

以香蕉为例，组成物体的原子本身就是由许多亚原子粒子所组成的。质子和中子共同形成原子核，原子核的周围又围绕着电子。至于质子和中子，则是由夸克组成的。

弦理论还认为，传递力的粒子是由弦组成的。举例来说，被称为光子的粒子能够传递电磁力，其中就包括可见光。因此根据弦理论，光子本身也是由弦组成的。

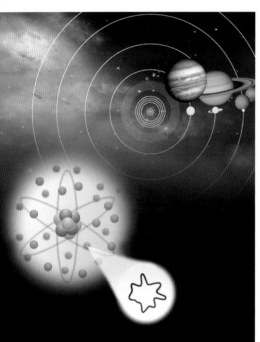

如果以类比的方式来描述弦的大小的话，那么理论上弦之于原子的大小，与原子之于太阳系的大小相差不多。

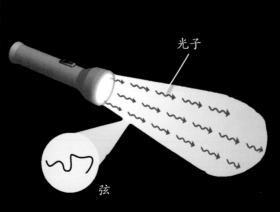

弦与乐器弦（比方说吉他弦）有很多共同点，具体来说，两者都具备弹性、可拉伸、可恢复初始形状等属性。当然，弦并不需要像吉他弦那样被演奏者用手指或拨片拨动，实际上，它们可以自行"演奏"。

当演奏者用手指或拨片来拨动吉他弦时，每根琴弦都能够以各不相同的方式来进行振动。而不同的振动方式（如左下图所示），则决定了琴弦产生的音符。

与吉他弦振动相似的是，弦的振动方式（如右图所示）也决定了它产生粒子的类型。弦振动的能量越大，其产生粒子的质量也就越大。右图中三种振动方式的能量，从上到下依次递增。

具体来说，某个弦究竟是闭环（如左上图）还是开环（如左下图），也会影响到它所产生的粒子类型。举例来说，物理学家们认为，理论上光子是由开环类型的弦所组成的。

现，它们将在九个或者更高的空间维度中完成这一切行为，而不仅仅是活跃于由"长度、宽度和高度"组成的三维空间。所有的这些思想，构成了弦理论的基础。

精妙的解决方案

为了更好地理解弦理论，我们可以去回忆一下吉他弦。弦和吉他弦都是有弹性的，它们都可以拉伸和振动，并且随后还能够恢复到原有的形态。当吉他演奏者用手指或者拨片拨动吉他弦时，它会产生一种振动模式，并且因此而发出一个特定的音符。而弦则能够自行振动，其振动模式决定了它将产生哪一类型的粒子，以及它将拥有怎样的质量。根据弦理论，弦是理论上最小的存在。

弦理论是一种思考、分析和研究宇宙万物的新角度和新途径，该理论能够帮助科学家们在所有物质（无论是无限大、还是无限小）的行为之间建立起有机的联系。弦理论也有可能帮助科学家们理解暗物质，那是一类不可见的神秘物质，它被认为是宇宙物质的主要组成部分。

除了我们所处的这个宇宙，还有其他宇宙存在吗？

看不见的新世界

近年来，科学家们已经意识到空间中真实存在的维度，有可能比之前他们能够确定的维度多得多。通常情况下，人们用长度、宽度、高度这三个维度来描述某个对象。而一旦空间中果真存在着更高维度的话，那么与我们这个宇宙相互平行，且尚未被人类所发现的其他宇宙，应该也是有可能存在的。

另外一个世界

膜理论是一个值得关注的宇宙学理论，该理论认为，我们所处的这个可观测宇宙，以薄膜的形式存在于一个更大、维度更多的空间当中。具体来说，我们所熟知的这个宇宙，只是另外一个巨大空间结构的薄膜片层而已，在那个巨大结构当中，有可能还存在着其他的膜宇宙。不过，由于目前人类科学水平的局限性，我们暂时还无法探测到其他膜宇宙的存在。

某些科学家将宇宙的概念向前推进了一大步：大爆炸之所以能够发生，是否是因为我们所处的这个膜宇宙，与相邻的膜宇宙发生了接触或者是碰撞？对于这个问题，科学家们希望找到确切的答案。

科学家们所提出的理论指出，我们之所以无法看到额外维度的存在，是因为我们所处的宇宙，只是存在于一个巨大空间结构的膜状表面，他们称之为膜宇宙（如下图所示）。值得一提的是，膜宇宙仅仅是超大宇宙的一个薄膜片层而已，人类根本无法探测到超大宇宙中的维度。根据这一理论，超大宇宙是一个多维的巨大空间。其他宇宙也都以膜的形式存在于超大宇宙的超薄片层当中。

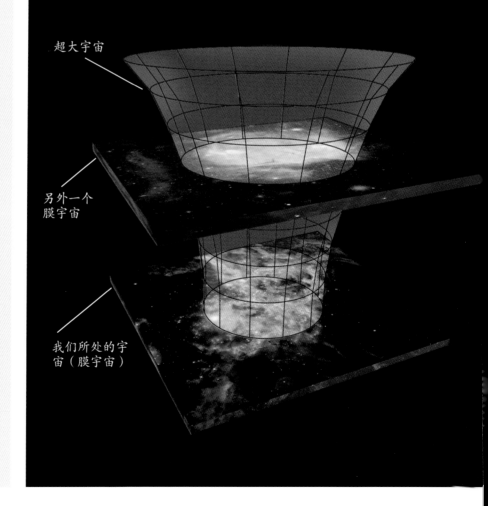

超大宇宙

另外一个膜宇宙

我们所处的宇宙（膜宇宙）

借助数学方法，一部分科学家们已经预言，除了我们所处的这个宇宙，的确有可能存在其他的宇宙。

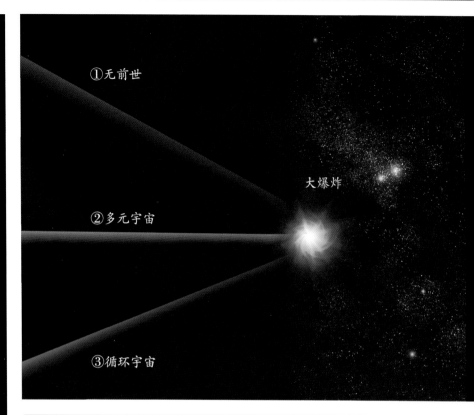

① 无前世

大爆炸

② 多元宇宙

③ 循环宇宙

大多数科学家都倾向于认为，大爆炸标志着现在这个宇宙的开始。然而迄今为止，天文学家们还没有可行的方法来分析和研究大爆炸发生之前的情形。对此，科学家们提出了几个相关猜想：①在大爆炸发生之前，一切都不存在；②可能同时并存着很多个宇宙，而当它们当中的两个相互接触、碰撞时，便引发了大爆炸；③我们当前所处的这个宇宙，可能只是一系列"膨胀——收缩——大爆炸"循环当中的一个而已。

猜想：额外维度中的情形

即便是身处在只有唯一一个额外维度的世界当中，你也会轻而易举地发现，只要你离开原点，那么就很难再次回到自己的起点了。在此过程中，你会发现物体逐渐变暗，然后，随着你的离开，它们会迅速消失。这是因为，与处于正常世界的光相比，处于额外维度中的光，其传播、消失的速度更快。同样的道理，除非你就在某人旁边，否则你绝对听不到他的声音，这是因为，在那样的环境当中，声音也会以更快的速度传播并消失。

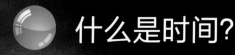

什么是时间？

第四个维度

通常情况下，人们认为我们所处的世界是由空间的三个维度——长度、宽度和高度——所共同组成的。我们所说的时间，实际上是人们在三维世界当中所经历的变化：春天变成了夏天，一个新学年的开始，以及我们似乎不可逆转地逐渐老去，等等。

然而事实却是，时间也是一个维度。比如，如果你计划去商场见一个朋友的话，那么你们就必须确定四个维度上的信息：首先，你需要确定你们的见面地点在水平面上的投影位置，到底是在商场的北侧还是南侧？东侧还是西侧？这条信息，代表的是长度宽度这两个维度。此外，你还需要确定你们在商场的第几层见面，这条信息代表的是高度这个维度。就算你和你的朋友已经确定了上述有关于见面地点的三个空间维度，依然还是不够的，因为你们还必须确定见面的

在20世纪初，物理学家阿尔伯特·爱因斯坦指出，时间与空间之间的联系，比之前人们所想象的要更为密切。

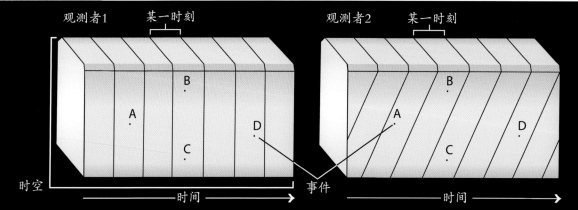

相对论中的时间体验，在某种程度上可以与将一整块面包切成面包片相类比。所谓一整块，指的是整个时空中发生的所有事件；而每一个"面包片"，则指的是在某一特殊时刻所发生的事件。当人们在切面包片时，他可以以任何自己喜欢的方式去切；与之同理，身处时空中的观测者，也可以根据自身运动状态的不同，体验到不同的时空。对于身处于某一运动状态的观测者1来说，事件B和事件C有可能在某一个特定的时刻同时发生（上图左侧）；而对于身处于另外一种运动状态的观测者2来说，他所体验到的时空可能与观测者1截然不同，对他来说，事件B完全有可能在事件C之前发生，如上图右侧所示。

根据一个科学理论，宇宙有可能是由那些尺度小到令人难以置信的能量环组成的，科学家们将这种能量环命名为弦。

时间，否则的话，你们就完全有可能会见不到对方。

时间即空间？

20世纪初，德裔美籍物理学家阿尔伯特·爱因斯坦提出了这样一个理论：时间本身就是一个维度，它与空间的三个维度（长度、宽度、高度）是一个有机的整体，且不可分割。上述四个维度，共同组成了时空的概念。

爱因斯坦最为重要的发现之一，是"物体在空间中运动的速度越快，它所经历的时间就越慢"。我们可以用一对双胞胎来解释爱因斯坦的这一理论。假设有一对双胞胎，姐姐以光速进入宇宙空间，而弟弟则留在地球，那么对于光速运动的姐姐来说，她所经历的时间流逝的速度，就要比其孪生弟弟在地球上经历的时间流逝速度慢得多。当以光速经历过太空旅行的姐姐重新返回地球上的家中时，她会惊讶地发现，其孪生弟弟的年龄要比她自己的年龄更大。目前，科学家们已经通过实验证明了爱因斯坦提出的这一理论。

布拉格天文钟是位于捷克共和国首都布拉格的一个天文钟，它提供了太阳、月亮、星星以及季节的信息。布拉格天文钟建成于1410年。

时空之旅是否可行？

穿越

几个世纪以来，人们一直在思考让时间加速前进，或是倒流的可能性。在这个问题上，科幻作家、电影制片人显然已经走到了前面，他们已经想象过时空旅行的具体情形。然而事实上，科学家们的研究还没有达到能够开启时空之旅的程度。当然，爱因斯坦提出的理论指出，人类有朝一日必定可以开启时空之旅。

宇宙空间中的"捷径"

虫洞有可能让人类的时空之旅梦想成真。虫洞是穿越时空的捷径，无论是科学家还是科幻作家，都把虫洞想象成为连接空间中某个区域与另外一个区域的隧道。虫洞有出口和入口两端，物质可以从这一端进入其中，然后再从另外一端离开。某些科学家迫切希望搞清楚，无论是在我们所处的宇宙范围之内，还是在两个不同的宇宙之间，虫洞是否能够成为两个区域之间

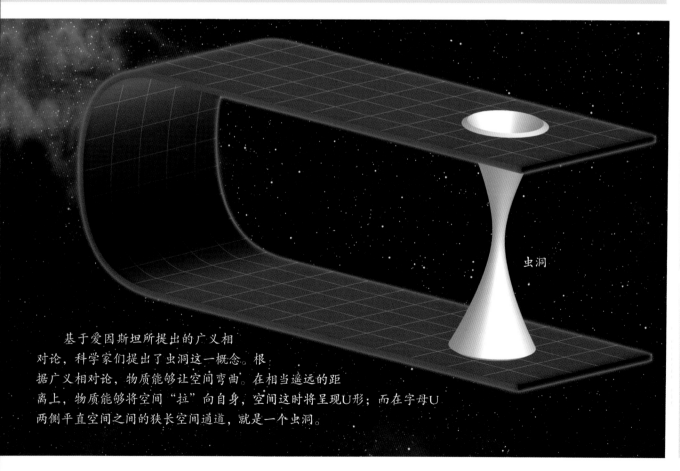

虫洞

基于爱因斯坦所提出的广义相对论，科学家们提出了虫洞这一概念。根据广义相对论，物质能够让空间弯曲。在相当遥远的距离上，物质能够将空间"拉"向自身，空间这时将呈现U形；而在字母U两侧平直空间之间的狭长空间通道，就是一个虫洞。

虽然迄今为止，"时空之旅"依然无法实现，然而有朝一日，人类极有可能将"时空之旅"变成现实。

宇宙空间浩瀚无垠，天体与天体之间的距离自然也是异常遥远，这些事实直接导致人们几乎不可能在天体与天体之间进行旅行，因为，除非我们能够以超越光速的速度运动，否则从地球到达其他天体所需的时间，会比人类的正常寿命长出很多倍。

The Time Machine

H.G.Wells

1895年，H.G.威尔斯出版了《时间机器（The Time Machine）》一书。该书主要讲述了主人公建造了一台可以把他带到未来的机器，以及他在未来的一些冒险经历。值得一提的是，在所有关于时空旅行的文学作品当中，《时间机器》是最受欢迎的故事之一。

的通道。宇宙飞船也可以进入虫洞。而某个虫洞的模型显示，该结构的末端以接近光速的速度进行旋转，因此那里的时间过得"非常慢"。若果真如此，宇宙飞船甚至可以在进入虫洞这一端之前，就从另外一端离开（即时间倒流）！当然，虽然听起来非常有趣，然而迄今为止，科学家们依然还没有找到虫洞真实存在的确凿证据。

你知道吗？

迄今为止，时间的性质对于人类来说依然是非常神秘的，然而我们能够精确地测量时间，其测量精度要比其他任何物理量的精度都要更高。